DEUTSCHE AKADEMIE DER WISSENSCHAFTEN ZU BERLIN

VORTRÄGE UND SCHRIFTEN

HEFT 31

DIE ERTRAGSGESETZE

von

Prof. Dr. Eilh. Alfred Mitscherlich

1948

AKADEMIE-VERLAG BERLIN

Erschienen im Akademie-Verlag GmbH., Berlin NW 7, Schiffbauerdamm 19
Lizenznummer 156 · 3232/48—3191/48
Gedruckt in der Buchdruckerei Oswald Schmidt GmbH., Leipzig M 118
Bestell- und Verlagsnummer 2003/31
Preis DM 2,75

DIE ERTRAGSGESETZE

Jedes Lebewesen, ob Mensch, Tier oder Pflanze, unterliegt in seinem Aufbau zwei grundlegenden, mathematisch formulierbaren Naturgesetzen, die man bei der Pflanze, bei der der Abschluß des Aufbaus als Ertrag bezeichnet wird, „Ertragsgesetze" nennt.

Das erste dieser beiden Naturgesetze besagt uns, wie sich der pflanzliche Organismus unter dem Einflusse der vielen verschiedenen inneren und äußeren Lebenseinflüsse, die wir als „Wachstumsfaktoren" bezeichnen, aufbauen muß. Wir bezeichnen es darum als das „Wirkungsgesetz der Wachstumsfaktoren". Das zweite von ihnen lehrt uns, wie dieser pflanzliche Aufbau im Verlaufe der Vegetationszeit zu erfolgen hat. Es wird darum „Pflanzenwachstumsgesetz" genannt.

Beide Gesetze führen so zum gleichen Abschluß des Ertrages und sind, wie man daraus unschwer zu entnehmen vermag, keineswegs unabhängig voneinander.

I. Das Wirkungsgesetz der Wachstumsfaktoren

Erst im Verlaufe eines Jahrhunderts ist man sich wohl darüber klar geworden, was alles zur Lebensbedingung für die Pflanze erforderlich ist, und was man darum als „Wachtumsfaktor" zu bezeichnen hat; und erst vor 40 Jahren ist es uns gelungen, beim Wachstum der Pflanze den einzelnen Wachstumsfaktor derart zu isolieren, daß man seine Einwirkung auf die Höhe des Ertrages quantitativ zu fassen vermochte, nachdem man sich schon lange zuvor die verschiedensten Vorstellungen darüber gemacht hatte[1]).

So schreibt u. a. Carl Sprengel in seiner Bodenkunde 1837:

„Der Boden kann in allen übrigen Beziehungen so günstig wie nur möglich für den Pflanzenertrag sein, er ist dennoch unfruchtbar, weil es ihm nur an einem einzigen Nährstoffe fehlt, der zu den Nahrungsmitteln der Pflanze gehört. Zuweilen wird der Boden aber auch deshalb wohl keine Pflanzen tragen, weil er einen leicht in Wasser löslichen Nährstoff in zu großer Menge besitzt, oder weil er Körper enthält, die als wahre Gifte auf das Pflanzenwachstum wirken."

Und 1839 in seiner „Lehre vom Dünger":

„Unleugbar würde man die Pflanzenkultur mit einem viel größeren Erfolg betreiben, wenn man dabei von dem Grundsatze ausginge, die Pflanzen müßten alle und jede Mineralien, die wir in ihnen finden, auch in hinreichender Menge im Boden auffinden."

Hiermit wurde zunächst die Bedeutung des einzelnen Pflanzennährstoffs klar gekennzeichnet, wenn auch J. v. Liebig[2]) in seinem „Gesetz des Minimums" uns erst die ersten Vorstellungen über die Wirkung der einzelnen Pflanzennährstoffe gibt, indem er 1855 schreibt:

„Die Fruchtbarkeit eines Feldes steht im Verhältnis zu den im Boden in geringster Menge enthaltenen notwendigen Bestandteilen", die Wirkung der pflanzlichen Nahrungsstoffe auf den Ertrag stehe „in gewissen Grenzen im geraden Verhältnis zu ihrer Masse". „Die Höhe des Ertrages eines Feldes steht im Verhältnis zu demjenigen zur völligen Entwicklung der Pflanze unentbehrlichen Nährstoffe, welcher im Boden (in geeigneter Form und Beschaffenheit) in kleinster Menge (im Minimo) vorhanden ist."

Die Vorstellung, daß für die Höhe des Pflanzenertrages ausschließlich der Minimumfaktor Liebigs in Betracht kommt, und daß mit der Steigerung dieses Faktors der Ertrag so lange proportional ansteigen muß, wie sich der betreffende Nährstoff im Minimum befindet, beherrscht nun viele Jahrzehnte lang unsere ganze landwirtschaftliche Literatur. So schreibt einer der Hauptvertreter der Lehren von der künstlichen Düngung um die Jahrhundertwende, Paul Wagner[3]):

„Solange durch eine Vermehrung der Phosphorsäuredüngung noch eine Steigerung des Ertrages überhaupt bewirkt wird, steigen die Mehrerträge in stets gleichbleibendem Verhältnis zur vermehrten Phosphorsäuredüngung." „Wenn die Düngung von 100 kg Phosphorsäure pro Hektar 40,67 dz/ha Mehrertrag ergeben hätte, so hätte die Düngung von 150 kg/ha – falls sie zur vollen Wirkung kam – um die Hälfte mehr, also 61 dz/ha Mehrertrag erbringen müssen." Und ferner:

„15,5 kg Salpeterstickstoff erzeugten bei voller Wirkung rund 4 dz Getreidekörner, 50 dz Futterrüben, 25 dz Zuckerrüben."

Inzwischen hatte man auch erkannt, daß nicht nur, wie das v. Liebig[4]) seinerzeit ausführte, „Kalk, Kali, Stickstoff, Phosphorsäure, Bittererde oder ein anderer Nährstoff" zu den für unsere Pflanzen unbedingt erforderlichen Wachstumsfaktoren gehören, sondern auch nach Adolf Mayer[5]) alle weiteren für das pflanzliche Wachstum notwendigen Außenbedingungen, so die der Atmosphäre: Licht, Wärme und Wasser. Dieser gab darum dem Gesetze die folgende Fassung:

„Die Ernte ist abhängig von den im Minimum vorhandenen Produktionsbedingungen, sie ist denselben proportional."

Einen wesentlichen Fortschritt bedeutete es wohl, daß E. Wollny[6]) den Minimumfaktor über die Minimumgrenze hinaus steigerte und dann, nach dem Anstieg der Erträge bis zu einem Optimum, bei noch viel höheren Gaben des Wachstumsfaktors wiederum ein Absinken der Erträge beobachtete. Er formulierte darum das Gesetz wie folgt:

„daß mit der Nährstoffzufuhr eine zuerst progressive, dann allmählich abnehmende Steigerung des Produktionsvermögens der Pflanzen verknüpft ist bis zu einer gewissen Grenze, über welche hinaus bei weiterer Erhöhung des Nährstoffvorrates die Erträge eine entsprechende Einbuße erfahren."

Es wurde so von Wollny bereits eine Schädigung der Erträge bei übermäßig hohen Gaben eines Wachstumsfaktors erkannt.

Erst 1895 war es aber E. Liebscher[7]), Göttingen, vorbehalten, die Aufmerksamkeit von dem Minimumfaktor mehr abzulenken und auch den anderen Wachstumsfaktoren gerecht zu werden. Er schreibt:

„Die Pflanze kann den im Minimum vorhandenen Produktionsfaktor zu um so größerer Produktion benutzen, je mehr die anderen Produktionsfaktoren sich für sie im Optimum befinden", und „es ist die Gunst oder Ungunst auch der anderen Produktionsfaktoren von ebenso großer Bedeutung auf das Pflanzenwachstum und auf sein Endresultat, die Erntehöhe."

Doch auch diese richtige Erkenntnis war in unserem Schrifttum, wie bei unseren weiteren wissenschaftlichen Arbeiten bereits ganz in Vergessenheit geraten, als E. A. Mitscherlich 1910 begann, die Grundlagen des Wirkungsgesetzes durch seine exakten Forschungen sicherzustellen.

Daß übrigens der Ertrag nicht proportional mit dem zugeführten Minimumfaktor ansteigt, hatte bereits längst vor v. Liebig der französische Nationalökonom A. R. J. Turgot[1]) (1727–1781) richtig erkannt, indem er sagte:

„Auf der gleichen Bodenfläche ist unter sonst gleichen Umständen ein höherer Rohertrag nur zu gewinnen unter verhältnismäßig noch mehr steigendem Arbeits- und Kapitalsaufwande."

Diese an und für sich sehr richtige Tatsache wurde leider fälschlich von den Nationalökonomen als „Gesetz des abnehmenden Bodenertrages" bezeichnet, während es das „Gesetz der abnehmenden Ertragssteigerung"[8]) ist, wie wir nachdem sehen werden. Die falsche Bezeichnung hat oftmals irregeführt.

Quantitativ fand wohl zuerst unser Gesetz der Pflanzenzüchter Mendel, in dessen Vererbungsgesetze wir es – wenn auch noch nicht in klarer mathematischer Form – wiedererkennen können; wir werden gleich hierauf zurückzukommen haben.

Der Pflanzenertrag wird also in seiner Höhe von einer ganzen Reihe der verschiedensten Wachstumsfaktoren beeinflußt, zu denen wir zunächst außer den von außen an den Pflanzenkörper in Atmosphäre und im Boden herantretenden auch die inneren Eigenschaften der Pflanze selbst zu rechnen haben, welche die Gattung, die Art, die Züchtung und das einzelne Individuum bedingen. Wir bezeichnen diese als die „inneren Wachstumsfaktoren der Pflanze". Sie begrenzen die Ertragshöhe ganz vornehmlich, denn aus der Getreidepflanze kann ja nie ein Baum werden, und Bäume können nie unbegrenzt in den Himmel wachsen! – Trotzdem ist es uns möglich, auch diese inneren Wachstumsfaktoren der Pflanze günstig zu beeinflussen und damit die Pflanzenerträge zu heben, und zwar auf dem Wege der Pflanzenzüchtung. Wird die Pflanzenzüchtung auf ertragsreichere Individuen, auf dominierende Eigenschaften, z. B. von Jahr zu Jahr in ganz der gleichen Weise vorgenommen, so erreicht man bei einer Kreuzung verschiedener Individuen auf Grund der Forschungen von Gregor Mendel nach dem folgenden Schema sein Ziel:

Von den Nachkommen der F_1-Generation werden z. B. 25% dominierende und 25% rezessive Eigenschaften aufweisen, während 50% weitere Bastarde sein werden. Von der F_2-Generation werden sich die Individuen mit dominierenden und die mit rezessiven Eigenschaften in gleicher Weise weiter vererben, die Bastarde dagegen in gleicher Weise wieder aufspalten, so daß von diesen weitere 25% dominierende und 25% rezessive Eigenschaften besitzen, während die restlichen 50% davon weiterhin Bastarde ergeben, die sich nun im nächsten Züchtungsjahr in gleicher Weise weiter aufspalten, usf.

Betrachtet man so nur den Prozentsatz sämtlicher Individuen, welcher sich alle Jahre dominierend vererbt, so folgt daraus für die

F_2-Generation = 25% =	25 %
F_3-Generation = 25% + 12,5% =	37,5 %
F_4-Generation = 25% + 12,5% + 6,25% =	42,75 %
F_5-Generation = 25% + 12,5% + 6,25% + 3,125% =	45,875%

usf., womit sich die Aufspaltung in Individuen mit dominierenden und in solche mit rezessiven Eigenschaften allmählich vollständig vollzieht und in unserem Beispiele die Hälfte aller Individuen dann dominierende Eigenschaften haben werden. – Die Aufspaltung kann natürlich im Einzelfalle eine ganz andere sein, und so kann auch beim Abschlusse der Züchtung eine ganz andere Prozentzahl aller Individuen dominierende Eigenschaften besitzen; doch muß bei ganz gleicher Art der Auslese nach diesem Mendelschen Gesetze die Aufspaltung, wie sie sich nach der F_1-Generation einstellt, auch bei den Bastarden jeder späteren Generation in ganz der gleichen Weise erfolgen, wodurch die Zunahme der Prozente an Individuen, die dominierende Eigenschaften besitzen, stets in gleicher Weise erfolgen muß, wie wir sie nachdem beim Wirkungsgesetze kennenlernen werden.

Die äußeren Wachstumsfaktoren der Pflanzen teilen wir einmal ein in chemische, das sind solche, welche aus der nächsten Umgebung in den Pflanzenkörper übergehen und damit Teile desselben werden, und in physikalische, das sind solche, welche den Übergang der chemischen Wachstumsfaktoren in den Pflanzenkörper ermöglichen. Wir teilen sie ferner ein, je nachdem, ob sie den ober- oder den unterirdischen Teil der Pflanze beeinflussen, in klimatische und in bodenkundliche Wachstumsfaktoren.

Zu den chemischen Wachstumsfaktoren gehören so u. a. der Sauerstoff und die Kohlensäure der Luft; es gehören hierzu alle sogenannten Pflanzennährstoffe, die Reiz- und die Stimulationsstoffe, die man auch als „Spurenelemente" bezeichnet, und die der Boden den Pflanzen darbietet.

Wenn nun die Höhe des Pflanzenertrages von allen diesen verschiedenen Wachstumsfaktoren abhängt, deren Zahl und Einwirkung wir von vornherein gar nicht kennen, so haben wir es hier offenbar, wie bei einem reinen physikalischen Experimente, mit einer Größe zu tun, die von vielen Variablen gleichzeitig bedingt wird. Den Einfluß, den nun jede einzelne dieser Variablen auf die Höhe des Ertrages ausübt, kann man danach nur dann feststellen, wenn man bei einem derartigen Versuche alle anderen Variablen konstant hält und nur eine einzige von ihnen variiert. Würde man auch nur zwei von ihnen gleichzeitig verändern und dabei eine Ertragssteigerung erhalten, so würde man in dem Augenblicke nicht mehr feststellen können, einen wie großen Einfluß die eine und einen wie großen die andere der Variablen auf den Ertrag ausgeübt hat, ja ob durch die Veränderung einer von ihnen überhaupt ein Einfluß auf die Höhe des Ertrages ausgeübt wurde.

Wenn wir nun beim Wirkungsgesetze von einer Konstanthaltung aller anderen Wachstumsfaktoren bis auf den einen sprechen, so bedeutet das aber nun keineswegs, daß wir etwa die ganze Vegetationszeit hindurch z. B. bei gleichbleibender Temperatur und gleichbleibender Luftfeuchtigkeit arbeiten müßten, was nur dann strenggenommen erforderlich wäre, wenn wir die Zeit als Wachstumsfaktor nehmen, also bei der Erforschung des „Pflanzenwachstumsgesetzes"! – Hier beim Wirkungsgesetze genügt es, wenn wir nur alle Pflanzen, bei denen wir den einen Wachstumsfaktor anders gestalteten, unter sonst ganz gleichen Vegetationsbedingungen halten! Wir haben also zunächst in jedem Falle möglichst gleichartige Individuen zu diesen Versuchen heranzuziehen, Nachkommen einer Hochzucht, und, wenn möglich, dabei noch von einer Einzelpflanze; wir haben dabei allen Pflanzen sonst die gleichen Boden- und Nährstoffmengen zur Verfügung zu stellen, und ebenso genau die gleichen klimatischen Bedingungen! Die Pflanzen müssen darum zur gleichen Zeit ausgesät werden, müssen während der Vegetationszeit alle den gleichen Licht- und Wärmemengen ausgesetzt werden und auch die gleichen Wassermengen zur Verfügung haben; endlich müssen sie dann darum auch zur gleichen Zeit geerntet werden. Jede Abweichung von dieser Voraussetzung muß naturgemäß unbedingt zu Versuchsfehlern führen, und das erklärt wohl zur Genüge, daß man erst spät an derartige subtile Versuche heranging und dazu die Methoden, um diese Gesetzmäßigkeiten zu finden, dementsprechend verfeinern mußte. Auf die Schwierigkeiten, die hierbei zu überwinden waren, so auf die Konstanthaltung des Wassergehaltes beim Vegetationsversuch und auf die Art, wie man beim Feldversuche die ungleichartige Beschaffenheit des Bodens ausschaltet, kann hier nicht näher eingegangen werden. – Das Ergebnis war das folgende:

Wenn bei diesem Experiment ein einziger Wachstumsfaktor allmählich gesteigert wird, während alle anderen Wachstumsfaktoren ganz gleich gestaltet werden, so fand der Verfasser, daß der Pflanzenertrag mit der Steigerung dieses Wachstumsfaktors proportional dem an einem Höchstertrage fehlenden Ertrage anstieg, ein Gesetz, welches er zuerst als „Gesetz der physiologischen Beziehungen“[9]), später nach B. Baule[10]) als „Wirkungsgesetz“ bezeichnete.

Sind $x =$ die Mengen des betreffenden Wachstumsfaktors, ist $y =$ die Höhe des Pflanzenertrages, und $A =$ der betreffende Höchstertrag, dann ist also:

$$\frac{dx}{dy} = c_1 \cdot (A - y) \qquad (1)$$

worin c_1 der Proportionalitätsfaktor ist.

Integriert man diese Gleichung, so folgt:

$$\ln (A - y) = C - c_1 \cdot x \qquad (2)$$

Da nun ein Ertrag nie zustande kommen kann, wenn der betreffende Wachstumsfaktor nicht vorhanden ist, also, da für $x = 0$ auch $y = 0$ sein muß, so folgt durch Einsetzen dieser Werte in Gleichung (2) für die Integrationskonstante $C = \ln A$ und somit die Gleichung (3):

$$\ln (A - y) = \ln A - c_1 \cdot x \qquad (3)$$

Gehen wir nun der Einfachheit halber zu den Briggschen Logarithmen über, so ändert sich, wie man leicht ersehen kann, dadurch nur der Wert von c_1, der nun gleich „c“ werden soll. Wir erhalten dann:

$$\log (A - y) = \log A - c \cdot x \qquad (4)$$

Diese von Mitscherlich gefundene und aufgestellte Gleichung hat dann B. Baule[10]) entlogarithmiert:

$$\frac{A-y}{A} = 10^{-c \cdot x}, \quad \text{oder} \quad y = A \cdot (1 - 10^{-x \cdot c}) \tag{5}$$

Da nun, so folgerte Baule weiter, der Höchstertrag A von allen anderen Wachstumsfaktoren in ganz der gleichen Weise abhängig sein muß, so folgt für den zweiten Wachstumsfaktor

$$A = A_1 \cdot (1 - 10^{-c_1 \cdot x_1}) \tag{6}$$

und bei Einsetzen dieses Wertes für A in Gleichung (5):

$$y = A_1 \cdot (1 - 10^{-c \cdot x}) \cdot (1 - 10^{-c_1 \cdot x_1}) \tag{7}$$

mit dem dritten Wachstumsfaktor muß nun wieder A_1 in gleicher Weise ansteigen, also:

$$A_1 = A_2 \cdot (1 - 10^{-c_2 \cdot x_2}) \tag{8}$$

einen Wert, den wir nun wiederum in Gleichung (7) einsetzen, wobei

$$y = A_2 \cdot (1 - 10^{-c \cdot x}) \cdot (1 - 10^{-c_1 \cdot x_1}) \cdot (10^{-c_2 \cdot x_2}) \tag{9}$$

folgt, und in der gleichen Weise können wir danach auch den Ertrag als Produkt sämtlicher n Wachstumsfaktoren in einer Gleichung zum Ausdruck bringen. Diese lautet sodann:

$$y = A_n \cdot (1 - 10^{-c \cdot x}) \cdot (1 - 10^{-c_1 \cdot x_1}) \cdot (1 - 10^{-c_2 \cdot x_2}) \cdot (\ldots) \cdot (\ldots) \cdot (1 - 10^{-c_n \cdot x_n}) \tag{10}$$

Das sind zunächst die ersten mathematischen Schlußfolgerungen, die sich aus unserer Formulierung des Wirkungsgesetzes ergeben. Wir wollen jetzt einmal die Ertragssteigerung verfolgen, die mit der Steigerung des einzelnen Wachstumsfaktors nach dem Gesetze eintreten muß und die damit proportional dem an einem Höchstertrage fehlenden Ertrage verläuft. Wir wählen hierzu den einfachsten Fall der „Proportionalität", den der „Gleichheit". Die Ertragssteigerung soll also im folgenden Beispiele gleich sein dem am Höchstertrage fehlenden Ertrage, so daß wir bei $x = 1$ gerade 50% des Höchstertrages erzielen, während 50% noch an diesem fehlen. Um gleich in den

Prozentzahlen zu verbleiben, nehmen wir 100 als Höchstertrag; dann folgt für unsere Gleichung nach Gleichung (4):

$$\log(100-50) = \log 100 - c \cdot 1$$

daraus folgt für den Proportionalitätsfaktor $c = \log \frac{100}{50} = \log 2$ und somit die Gleichung:

$$\log(100-y) = 2{,}0000 - 0{,}301 \cdot x$$

Gibt man nun die doppelten Mengen von x, also $x = 2$, so wird $y = 75$; es steigt also der Ertrag um 25 %, während gleichfalls 25% jetzt am Höchstertrage 100 fehlen. Gibt man eine dritte Menge x dazu, so steigt der Ertrag bei $x = 3$ auf $y = 87{,}5\%$ also um 12,5%, während genau ebensoviel jetzt wieder an dem Höchstertrage 100 fehlen; usf. – (vgl. hierzu, was zuvor vom Mendelschen Vererbungsgesetze gesagt wurde, wo beim dortigen Beispiele die Höchstanzahl von Individuen mit dominierenden Eigenschaften schließlich 50 [%] betrug).

Der Anstieg der Erträge y mit der Steigerung eines Wachstumsfaktors x ist aus der nebenstehenden Abb. 1 ersichtlich. – Nun wissen wir aber aus unserem Gesetze, daß der Höchstertrag selbst von allen anderen Faktoren bedingt wird, die wir bei unserem Versuche konstant gesetzt hatten. Ist nun z. B. ein zweiter, der Faktor z, dabei nur in einfacher Menge vorhanden gewesen – er mag hier der Einfachheit halber auch den gleichen Wirkungswert wie der Faktor x, nämlich $c = 0{,}301$ haben, so wird jetzt dieser Höchstertrag von $A = 100$, wenn man eine zweite Gabe von z verabfolgt, von 100 auf 150 steigen, bei der Gabe $z = 3$ auf 175, bei der Gabe $z = 4$ auf 187,5, ... und bei ausreichend großen Mengen von z, also bei $z = \infty$, wird er endlich gleich 200 werden müssen. In der Abb. 1 habe ich die Kurven für $z = 1$ punktiert, die für $z = 2$ gestrichelt und darüber die für $z = \infty$ ausgezogen aufgezeichnet.

Da nun durch die Zuführung unseres ersten Wachstumsfaktors x die Pflanzenerträge immer in Prozenten des Höchstertrages gesteigert werden, so sieht man aus der Abbildung leicht, welchen Einfluß auf diese Steigerung nun auch der zweite Wachstumsfaktor z ausüben muß.

Bei $x = 1$ und $z = 1$ erhält man nach der Abbildung $y = 50$; bei $x = 2$ und $z = 1$ ist $y = 75$; bei $x = 1$ und $z = 2$ erhält man ebenfalls für $y = 75$, weil wir die Wirkungswerte c in unserem Beispiele für beide Wachstumsfaktoren $c = 0{,}301$ annahmen.

Der Ertrag steigt also nach dem Wirkungsgesetze nicht nur durch die Steigerung des einen Wachstumsfaktors, des Minimum-

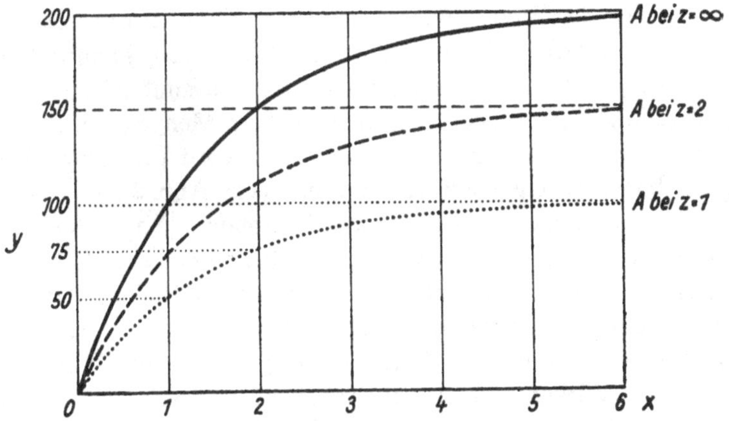

Abb. 1. Ertragssteigerungen nach dem Wirkungsgesetz bei Steigerung zweier Wachstumsfaktoren

Steigerung der Erträge

I bei $z = 1$ ·········· mit steigenden Gaben von x
II bei $z = 2$ - - - - -
III bei $z = \infty$ ———

faktors von J. v. Liebig, sondern, wie das bereits Liebscher richtig erkannt hatte, gleichfalls durch die Bessergestaltung irgendeines anderen Wachstumsfaktors bzw. auch durch die Bessergestaltung einer ganzen Reihe der anderen Wachstumsfaktoren, von denen ja der Pflanzenertrag in ganz der gleichen Weise bedingt wird!

Die Ertragssteigerung geht dabei, wie wir sahen, von $y = 0$ bis zu einem endlichen Höchstertrage $y = A$, und nun nicht proportional, wie das früher stets angenommen wurde, um dann aufzuhören, wenn der betreffende Wachstumsfaktor nicht mehr im Minimum ist. Einen derartigen Knick in einer Geraden kennt die Natur nicht; bei ihr findet überall ein ständiger Übergang statt; und diesen erkennen wir jetzt in dem logarithmischen Verlaufe der Ertragskurve.

Die Schnelligkeit, mit welcher nun bei dem einzelnen Wachstumsfaktor der Ertrag von Null bis A ansteigt, hängt ganz von der Größe des Proportionalitätsfaktors „c" ab, den wir darum als „Wirkungsfaktor" bezeichnen. Ist dieser groß, so wird man mit geringen Mengen von x bereits einen bestimmten Ertrag erzielen, je kleiner er aber ist, um so größere Mengen von x sind dann dazu erforderlich, da das Produkt $c \cdot x$ zur Erzielung eines gleichhohen Ertrages y gleich sein muß (vgl. Abb. 2).

Wie nun aber B. Baule[10]) und besonders Kurt Reidemeister[11]) mathematisch nachweisen konnten, kann das Wirkungsgesetz nur dann zutreffen, wenn der einzelne, hier gesteigerte Wachstumsfaktor völlig unabhängig von allen anderen Wachstumsfaktoren zur Wirkung gelangt; nur dann kann und muß der Wirkungsfaktor des betreffenden Wachstumsfaktors stets konstant sein, und zwar unabhängig davon, wie sich bei diesem Versuche alle anderen Wachstumsfaktoren gestalten, so unabhängig von der Art und der Gattung der Pflanze, unabhängig von den sonstigen klimatischen und bodenkundlichen Verhältnissen, so von der jeweiligen Jahreswitterung, von der Bodenart, dem jeweiligen Nährstoff- und Wassergehalte des Bodens usf. usf.

Das kann nun aber zunächst bei allen physikalischen Wachstumsfaktoren unmöglich zutreffen, da diese ja, wie wir sahen, die Aufnahme der chemischen Wachstumsfaktoren vermitteln! Wir finden zwar bei Steigerung eines physikalischen Wachstumsfaktors gleichfalls einen logarithmischen Anstieg des Ertrages, aber die Höhe des Wirkungsfaktors wird durch die chemischen Wachstumsfaktoren beeinflußt, und umgekehrt! So steigt z. B. der Wirkungswert des Wassers im Boden mit den bereits in diesem Wasser gelösten Nährstoffen, und es steigt z. B. der Wirkungswert der Kohlensäure mit der den Pflanzen bei diesen Versuchen zur Verfügung stehenden Lichtenergie. Dabei wird bei normalem Kohlensäuregehalt der Atmosphäre der Wirkungsfaktor des Lichtes bei allen Pflanzen gleichhoch sein, wie wir das durch unzählige Versuche nachweisen konnten.

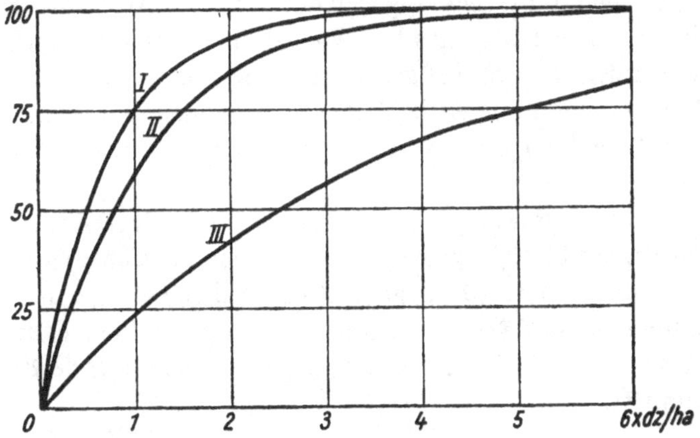

Abb. 2. Ertragssteigerungen durch Pflanzennährstoffe, y Erträge in %
x dz/ha I P_2O_5 II K_2O III N

Noch in einem weiteren Falle kann aber danach das Wirkungsgesetz in der bislang gegebenen Form nicht zutreffen. Steigert man z. B. die Wärme durch Erhöhung der Temperatur, so wird zwar zunächst auch der Pflanzenertrag dabei mit einem ganz bestimmten Wirkungswerte bei allen Pflanzen steigen; geht man aber hier mit der Temperatursteigerung weiter, so wird dadurch der Wachstumsfaktor Wasser nachteilig beeinflußt; es fehlt den Pflanzen an diesem, sie welken, vertrocknen und wenn wir's ins Extrem treiben – verbrennen. Es findet also eine Ertragsdepression statt.

Das gleiche beobachten wir bei der Zuführung eines Nährstoffes. Auch hier finden wir zunächst eine Ertragssteigerung bei allen Pflanzen in gleicher Weise mit dem gleichen Wirkungsfaktor; geben wir aber größere Mengen des betreffenden Nährstoffes, dann wird unsere Bodenlösung zu konzentriert, die Pflanzen kranken durch plasmolytische Erscheinungen, können schließlich kein Wasser mehr aufnehmen und gehen zugrunde, weil der Wachstumsfaktor Wasser nicht mehr in gleicher Weise wie vordem zur Wirkung gelangen kann.

Derartige Depressionserscheinungen können naturgemäß auch nicht plötzlich in Erscheinung treten, sondern sie sind von vornherein durch den betreffenden Wachstumsfaktor mit gegeben. Dabei werden sie zunächst gar nicht beobachtet werden können, sondern erst dann immer deutlicher zu erkennen sein, wenn bereits größere Mengen von dem betreffenden Wachstumsfaktor vorliegen.

Um diesen Ertragsdepressionen, die uns ja landwirtschaftlich, wo wir unsere Erträge zu steigern versuchen, zunächst anscheinend gar nicht interessieren, gerecht zu werden, habe ich unserer Gleichung (5) des Wirkungsgesetzes noch einen Schädigungsfaktor angefügt, so daß die Gleichung dann die folgende Form annimmt[12]:

$$y = A \cdot (1 - 10^{-c \cdot x})\, 10^{-k \cdot x^2} \qquad (11)$$

worin k = die Schädigungskonstante ist. Mit Hilfe dieser Gleichung haben wir bei allen unseren diesbezüglichen Beobachtungen einen sehr guten Anschluß an die gefundenen Erträge erhalten[13]) (vgl. Abb. 3).

Endlich kann der Fall eintreten, daß zunächst eine bestimmte Menge „b" des zugeführten Wachstumsfaktors noch unwirksam ist, also überhaupt noch keine Ertragsbildung ermöglicht. Das ist z. B. der Fall, wenn eine gegebene Düngung, z. B. Phosphorsäure, vom Boden zunächst festgelegt wird, so daß die Pflanzen sie erst dann aufnehmen können, wenn der Boden damit abgesättigt ist[13]). Die Erscheinung tritt ferner auf bei Steigerung der energetischen Faktoren Wärme und Licht. Erst wenn so der Boden eine mittlere Tagestemperatur von + 5° C hat[14]), beginnt eine Ertragssteigerung nach unserem Gesetze; und erst wenn, je nach der durchschnittlichen Lichtintensität, diese bei geringer Lichtdarbietung 10 %, bei größerer 50 % der gegebenen maximalen Lichtmengen überschreitet[15]), nimmt auch hier die normale Ertragssteigerung nach unserem Gesetze mit dem gleich hohen Wirkungsfaktor ihren Anfang.

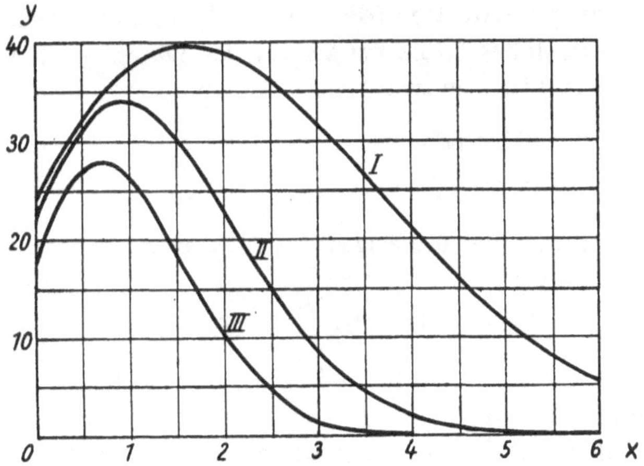

Abb. 3. Ertrags-Depressionen infolge Stickstoffdüngung
I bei Weizen, II bei Hafer, III bei Roggen
Erträge y und N-Düngung x in dz/ha

Häufig erhalten wir aber auch Erträge, bevor wir damit beginnen, Mengen eines Wachstumsfaktors in gesteigerten Gaben zuzuführen. Das ist dann darauf zurückzuführen, daß bereits zuvor Mengen von dem betreffenden Wachstumsfaktor vorhanden gewesen sein müssen. Diese Beobachtungen machen wir vornehmlich bei unseren Düngungsversuchen. Um die Mengen eines bestimmten Nährstoffes, die hier bereits vor der Düngung im Boden vorlagen, zu bestimmen, kehren wir nun nochmals zu unserer Gleichung (2) zurück, wobei wir einfachheitshalber gleich zu den Briggschen Logarithmen übergehen:

$$\log (A - y) = C - c \cdot x \qquad (2)$$

Es ist in diesem Falle bereits ohne Nährstoffzufuhr, also bei $x = 0$, ein Ertrag $y = a$ vorhanden. Daraus folgt, daß dann in Gleichung (2) die Integrationskonstante $C = \log (A - a)$ ist, und wir somit durch Einsetzen dieses Wertes für C in Gleichung (2) zur folgenden Gleichung gelangen:

$$\log (A - y) = \log (A - a) - c \cdot x \qquad (12)$$

Der Ertrag a wird also bedingt durch die Mengen des betreffenden Nährstoffes b, die bereits vor der Düngung im Boden waren; es ist somit entsprechend Gleichung (4)

$$\log (A - y) = \log A - c \cdot x \qquad (4)$$

$$\log (A - a) = \log A - c \cdot b \qquad (13)$$

Setzt man nun diesen Wert für $\log(A - a)$ in die Gleichung (12) ein, so erhält man

$$\log (A - y) = \log A - c \cdot (x + b) \qquad (14)$$

und damit also die bereits im Boden vorhandene Nährstoffmenge „b“. Wir werden später eingehend gerade auf diese Gleichung zurückzukommen haben, wenn wir auf die praktischen Nutzanwendungen des Gesetzes eingehen.

Trotz der angeführten Ausnahmen hat sich überall die Konstanz des Wirkungsfaktors des einzelnen Wachstumsfaktors als zutreffend erwiesen; doch muß hier noch auf eine besondere Ausnahme hingewiesen werden, die zunächst im direkten Widerspruche zu dem Gesetze zu stehen schien und sein Bestehen anfangs zweifelhaft erscheinen ließ:

August Rippel[16]) stellte zuerst bei Sandkulturversuchen fest, daß der Wirkungsfaktor des Kalis ein sehr viel höherer war, wenn er den Pflanzen nur geringe Stickstoffmengen (0,2 g gegen 2,0 g/Gefäß) zur Verfügung stellte; zwar stiegen die Erträge in diesem Falle nur von 8,4 g auf 10,9 g statt auf 62,7 g/Gefäß; doch ging diese Ertragssteigerung bis zu 10,9 g sehr viel schneller mit der Kalizufuhr vor sich. Diese Ergebnisse fanden durch unsere eigenen Versuche[17]) durchaus ihre Bestätigung. Heute erkläre ich mir die Ursache für diese Tatsache, die sehr stark gegen die Gültigkeit des Gesetzes ausgebeutet wurde, dadurch, daß die Erträge, die von 8,4 nur bis auf 10,9 g ansteigen, sehr stark von dem Kaligehalte des Saatkornes beeinflußt werden müssen, und daß im Saatkorn ja die verschiedenen Wachstumsfaktoren „vereint" sind, also nicht unabhängig voneinander wirken können, wie das unser Gesetz verlangt.

Werden die Höchsterträge höher, dann kann natürlich der Nährstoffgehalt des Saatkornes als Größe zweiter Ordnung vernachlässigt werden. Er wird dann dementsprechend auch keinen wesentlichen Einfluß auf die Höhe des Wirkungsfaktors ausüben können. – So war bei Bodenversuchen, die wir zu vielen Tausenden in Gefäßen durchgeführt haben, der Wirkungsfaktor des Kalis fast stets konstant ($c = 1{,}33$), gerade wie wir auch für die Phosphorsäure dabei fast stets einen konstanten Wirkungsfaktor ($c = 2{,}0$) fanden. Wäre das beim Boden nicht der Fall, sondern auch hier der Wirkungsfaktor nicht konstant gewesen, dann hätte man unmöglich auf Grund des Wirkungsgesetzes den Nährstoffgehalt eines Bodens feststellen können! So haben wir das getan und alle Jahre in Ostpreußen in 23000 Kulturgefäßen von der Mitscherlich-Gesellschaft e. V. aus „Die Bestimmung des Düngerbedürfnisses des Bodens"[18]) durchgeführt, sehr zum Nutzen unserer praktischen Landwirte!

Daß wir so in Ostpreußen die vielen Jahre hindurch auch richtig gearbeitet haben, zeigt jetzt die Verarbeitung der über 28000 Felddüngungsversuche, welche von den Außenstellen unserer großen Düngermittelkonzerne durchgeführt worden waren und nun den sichersten Beweis dafür liefern, daß die Wirkungsfaktoren unserer drei Nährstoffe: Phosphorsäure, Kali und Stickstoff, jeder für sich, konstant sind. Wir haben später hierauf zurückzukommen.

Die bei den verschiedenen Nährstoffen verschieden schnell ansteigenden Ertragskurven lassen sich natürlich auf den gleichen Kurvenverlauf, z. B. auf den, bei welchem die Ertragssteigerung mit der Steigerung des Wachstumsfaktors gleich dem an einem Höchstertrage fehlenden Ertrage ist, reduzieren. Man muß dann nur, wie das B. Baule getan hat, für x die jeweiligen, dazu erforderlichen Mengen einsetzen, die Baule als „Nährstoffeinheit h" bezeichnete. Diese Mengen „h" erhält man, wenn man den Wirkungsfaktor der Gleichheitskurve $c = 0{,}301$ (vgl. S. 10) durch den Wirkungswert des betreffenden Nährstoffes dividiert.

Da nun die Wirkungsfaktoren „c" für dz/ha bei den verschiedenen Nährstoffen die folgenden sind:

bei Phosphorsäure $c = 0{,}6$,
bei Kali $c = 0{,}4$,
bei Stickstoff $c = 0{,}122$, so ist

für Phosphorsäure: $0{,}301 : 0{,}6 = h$; oder $h = 0{,}5$ dz/ha,
für Kali: $0{,}301 : 0{,}4 = h$; oder $h = 0{,}75$ dz/ha,
für Stickstoff: $0{,}301 : 0{,}122 = h$; oder $h = 2{,}47$ dz/ha.

Zweckmäßiger ist es wohl, bei den verschiedenen Kurvenverläufen zu verbleiben (s. Abb. 2); wir berechnen darum zunächst

Ertragstafel für Stickstoff

Erträge y in Prozenten des Höchstertrages bei dem vorstehenden Gehalte des Bodens von x dz/ha Stickstoff (N)

x	y	x	y	x	y	x	y	x	y
0,1	2,8	1,6	36,2	3,2	59,3	6,2	82,5	10,5	94,8
0,2	5,5	1,7	38,0	3,4	61,5	6,4	83,4	11,0	95,4
0,3	8,1	1,8	39,7	3,6	63,6	6,6	84,3	11,5	96,0
0,4	10,6	1,9	41,4	3,8	65,6	6,8	85,2	12,0	96,6
0,5	13,1	2,0	43,0	4,0	67,5	7,0	86,0	12,5	97,0
0,6	15,5	2,1	44,6	4,2	69,3	7,2	86,8	13,0	97,4
0,7	17,8	2,2	46,1	4,4	70,9	7,4	87,5	13,5	97,7
0,8	20,1	2,3	47,6	4,6	72,5	7,6	88,2	14,0	98,0
0,9	22,3	2,4	49,0	4,8	74,0	7,8	88,8	14,5	98,3
1,0	24,5	2,5	50,4	5,0	75,4	8,0	89,4	15,0	98,5
1,1	26,6	2,6	51,8	5,2	76,8	8,4	90,6	15,5	98,7
1,2	28,6	2,7	53,2	5,4	78,1	8,8	91,6	16,0	98,9
1,3	30,6	2,8	54,5	5,6	79,3	9,2	92,5	16,5	99,0
1,4	32,5	2,9	55,7	5,8	80,4	9,6	93,3	17,0	99,2
1,5	34,4	3,0	56,9	6,0	81,5	10,0	94,0	20,0	99,6

Ertragstafel für Phosphorsäure (P_2O_5) und Kali (K_2O_5)

Erträge *y* in Prozenten des Höchstertrages bei einem Nährstoffgehalte von *x* dz/ha

x dz/ha	*y* P_2O_5	*y* K_2O	*x* dz/ha	*y* P_2O_5	*y* K_2O	*x* dz/ha	*y* P_2O_5	*y* K_2O
0,01	1,4	0,9	0,26	30,2	21,3	0,69	61,4	47,0
0,02	2,8	1,8	0,27	31,2	22,0	0,73	63,5	48,9
0,03	4,1	2,7	0,28	32,1	22,7	0,77	65,5	50,8
0,04	5,4	3,6	0,29	33,0	23,4	0,81	67,3	52,6
0,05	6,7	4,5	0,30	33,9	24,1	0,85	69,1	54,3
0,06	8,0	5,4	0,31	34,8	24,8	0,90	71,2	56,3
0,07	9,2	6,2	0,32	35,7	25,5	0,95	73,1	58,3
0,08	10,5	7,1	0,33	36,6	26,2	1,00	74,9	60,2
0,09	11,7	8,0	0,34	37,5	26,9	1,05	76,6	62,0
0,10	12,9	8,8	0,35	38,4	27,6	1,10	78,1	63,7
0,11	14,1	9,6	0,36	39,2	28,2	1,20	80,9	66,9
0,12	15,3	10,5	0,37	40,0	28,9	1,30	83,4	69,8
0,13	16,5	11,3	0,38	40,8	29,5	1,40	85,5	72,5
0,14	17,6	12,1	0,39	41,6	30,2	1,50	87,4	74,9
0,15	18,7	12,9	0,40	42,4	30,8	1,60	89,0	77,1
0,16	19,8	13,7	0,42	44,0	32,1	1,80	91,7	80,9
0,17	20,9	14,5	0,44	45,5	33,3	2,00	93,7	84,1
0,18	22,0	15,3	0,46	47,0	34,5	2,20	95,2	86,8
0,19	23,1	16,0	0,48	48,5	35,7	2,40	96,4	89,0
0,20	24,1	16,8	0,50	49,9	36,9	2,60	97,2	90,9
0,21	25,2	17,6	0,53	51,9	38,6	3,00	98,4	93,7
0,22	26,2	18,3	0,56	53,9	40,2	3,50	99,2	96,0
0,23	27,2	19,1	0,59	55,7	41,9	4,00	99,6	97,5
0,24	28,2	19,8	0,62	57,5	43,5	4,50	99,8	98,4
0,25	29,2	20,6	0,65	59,3	45,0	5,00	99,9	99,0

für diese die verschiedenen „Ertragstafeln“, indem wir diesen Rechnungen die Gleichung

$$\log(100 = y) = \log 100 = c \cdot x$$

zugrunde legen und somit die Erträge von *y* in Prozenten des betreffenden Höchstertrages für die verschiedenen Nährstoffmengen *x* dz/ha ermitteln.

Im Abschnitt über das Nährstoffbedürfnis des Bodens werden wir auf diese Ertragstafeln zurückzukommen haben.

Die vorstehenden Ertragstafeln gelten wie die angegebenen Wirkungsfaktoren nur dann, wenn wir die Nährstoffgaben in dz/ha feststellen. Sie sind natürlich andere, wenn wir die Nährstoffmengen für Gefäßversuche verwenden, wo die Gefäße eine Erdoberfläche von nur 300 qcm haben und die Düngung in Gramm zugegeben wird. Führen wir hier diese Umrechnung aus:

1 dz sind 100000 g,

1 qcm ist der 100000000te Teil eines Hektars; also hat man die Nährstoffgaben x je dz/ha mit 100000 zu multiplizieren und durch 100000000 zu dividieren, dann ferner wieder, um auf 300 qcm Gefäßoberfläche zu kommen, mit 300 zu multiplizieren; das ergibt:

$$\frac{100\,000 \cdot 300}{100\,000\,000} = \frac{3}{10}$$

Werden aber die Nährstoffgaben mit $^3/_{10}$ multipliziert, so müssen die Wirkungsfaktoren je mit $^{10}/_3$ multipliziert werden, da das Produkt $c \cdot x$ ja gleich bleiben muß. Danach gestalten sich die Wirkungsfaktoren dieser drei Nährstoffe wie folgt:

$c =$	je dz/ha	je g/Gefäß
für Phosphorsäure	0,6	2,0
für Kali	0,4	1,33
für Stickstoff	0,12	0,40

Jedes Ergebnis, das so in einem Gefäßversuche erzielt wurde, ist damit auf das freie Land zu übertragen. Da die Wirkungsfaktoren von allen anderen Wachstumsfaktoren völlig unabhängig sind, so ist es ja auch ganz gleichgültig, wie hoch die Pflanzenerträge sind, ob g/Gefäß oder dz/ha! Es ist ebenfalls gleichgültig, daß die Pflanzen bei den Gefäßversuchen größere Lichtmengen haben als im geschlossenen Feldbestande, daß sie stets größere Wassermengen erhalten und darum auch größere Nährstoffgaben erhalten können, kurz, daß ihre Erträge, wenn wir sie auf das freie Land übertragen, infolge der Bessergestaltung einer ganzen Reihe anderer Wachstumsfaktoren vielleicht zehnmal so hoch ausfallen als im freien Lande! – Auch ist es ja ganz gleichgültig, welche Pflanzenart wir hier oder da verwenden! Auf alles das kommt es gar nicht an; maßgebend ist für den Versuch ausschließlich die Höhe der Ertragssteigerung, ausgedrückt in Prozenten des unter den gegebenen Bedingungen erzielbaren Höchstertrages oder auch ausgedrückt in Prozenten des ungedüngten Ertrages, da dieser ja unter genau den gleichen Bedingungen erzielt worden war. Hierauf haben wir bei der Bestimmung des Nährstoffbedarfs des Bodens zurückzukommen.

Unzählige Gefäßversuche von uns haben nun die obigen Wirkungsfaktoren ergeben, so daß wir bereits jahrzehntelang in Ostpreußen mit ihnen arbeiten konnten. Das war aber alles selbst erarbeitetes Material, demgegenüber so mancher skeptisch zu sein pflegt. Es war mir darum eine ganz besondere Genugtuung, daß ich nunmehr durch über 28000 Felddüngungsversuche, welche die Außenstationen unserer großen Düngemittelkonzerne ausgeführt hatten, feststellen konnte, daß diese Wirkungsfaktoren durchaus richtig sind, daß sie für jeden Nährstoff die angegebenen waren, und daß sie dabei völlig unabhängig von der Art des Bodens, von seinem jeweiligen Nährstoffgehalte, von dem Klima und der Jahreswitterung, ja auch von der Art der anzubauenden Kulturpflanze sind!

Als Beweis für die Richtigkeit unserer obigen Ausführungen mag darum dieses Beobachtungsmaterial hier noch in groben Zügen zusammengefaßt folgen (s. Tabellen I bis III).

Eine bessere Übereinstimmung der berechneten mit den gefundenen Erträgen konnte man wohl kaum erwarten! – Und somit dürfte der Beweis für die Richtigkeit des Wirkungsgesetzes damit voll erbracht sein!

Größere Abweichungen finden sich wohl nur bei den Stickstoffdüngungsversuchen zu Getreide, und zwar auch hier nur bei den Versuchen, zu denen die höchste Gabe von 0,6 dz/ha N verabfolgt worden war. In diesem Falle kommen wir aber, wie das in der landwirtschaftlichen Praxis längst bekannt ist, infolge von „Lagergetreide“ bereits in die Ertragsdepressionskurve hinein.

Ich habe nun versucht, auch diese abweichenden Beobachtungen noch durch Ausgleich nach der zweiten Annäherung unseres

Tabelle I

Feldversuche mit gesteigerter Phosphorsäuredüngung

Düngung + x dz/ha P_2O_5:	0,0	0,3	0,6	0,9	1,2
1218 Roggenversuche:					
Kornerträge y dz/ha, gefunden	20,7	22,8	24,0	25,7	26,1
berechnet	20,7	22,8	24,3	25,2	25,9
963 Haferversuche:					
Kornerträge y dz/ha, gefunden	24,0	26,6	27,6	29,5	29,9
berechnet	24,0	26,4	28,1	29,1	29,8
501 Weizenversuche:					
Kornerträge y dz/ha, gefunden	24,9	27,0	27,9	29,8	29,8
berechnet	24,9	27,0	28,3	29,2	29,8
363 Gerstenversuche:					
Kornerträge y dz/ha, gefunden	23,4	26,1	26,5	27,5	28,7
berechnet	23,5	25,6	27,0	27,9	28,6
3045 Getreideversuche:					
Kornerträge y dz/ha, gefunden	22,8	25,1	26,1	27,8	28,2
berechnet	22,8	25,1	26,5	27,9	28,2
1642 Kartoffelerträge:					
Knollen y dz/ha, gefunden ...	237	251	261	269	275
berechnet ...	237	253	263	270	274
600 Futterrübenversuche:					
Rüben y dz/ha, gefunden	653	702	725	754	777
berechnet	654	702	733	754	768
238 Zuckerrübenversuche:					
Rüben y dz/ha, gefunden	358	379	389	404	–
berechnet	358	377	389	397	–
1535 Wiesenheuversuche:					
Heu y dz/ha, gefunden	62,8	73,8	78,2	81,8	89,2
berechnet	62,8	72,9	79,5	83,9	86,8
105 Kleeheuversuche:					
Heu y dz/ha, gefunden	72,0	76,0	86,5	89,6	95,2
berechnet	72,0	80,4	86,1	89,8	92,2

Die Gleichungen für die berechneten Werte sind die folgenden:

für die Roggenerträge: $\log (27,1 - y) = \log 27,1 - 0,6 \cdot (x + 1,04)$
für die Hafererträge: $\log (31,2 - y) = \log 31,2 - 0,6 \cdot (x + 1,06)$
für die Weizenerträge: $\log (31,0 - y) = \log 31,0 - 0,6 \cdot (x + 1,18)$
für die Gerstenerträge: $\log (29,8 - y) = \log 29,8 - 0,6 \cdot (x + 1,11)$
für die Getreideerträge: $\log (29,4 - y) = \log 29,4 - 0,6 \cdot (x + 1,09)$
für die Kartoffelerträge: $\log (283,0 - y) = \log 283,0 - 0,6 \cdot (x + 1,32)$
für die Futterrübenerträge: $\log (795,0 - y) = \log 795,0 - 0,6 \cdot (x + 1,25)$
für die Zuckerrübenerträge: $\log (413,0 - y) = \log 413,0 - 0,6 \cdot (x + 1,46)$
für die Wiesenheuerträge: $\log (92,5 - y) = \log 92,5 - 0,6 \cdot (x + 0,82)$
für die Kleeheuerträge: $\log (97,0 - y) = \log 97,0 - 0,6 \cdot (x + 0,98)$

Tabelle II

Feldversuche mit gesteigerter Kalidüngung

Düngung = x dz/ha Kali (K_2O)	0,0	0,6	0,8	1,2
712 Roggenversuche:				
Kornerträge y dz/ha, gefunden	22,5	24,2	24,8	25,5
berechnet	22,5	24,4	24,8	25,5
562 Winterweizenversuche:				
Kornerträge y dz/ha, gefunden	28,1	29,8	30,1	31,2
berechnet	28,1	29,7	30,1	30,7
454 Haferversuche:				
Kornerträge y dz/ha, gefunden	27,2	28,9	29,6	30,5
berechnet	27,2	29,2	29,6	30,3
423 Gerstenversuche:				
Kornerträge y dz/ha, gefunden	23,7	25,5	25,8	26,7
berechnet	23,7	25,5	25,9	26,6
2151 Getreideversuche:				
Kornerträge y dz/ha, gefunden	24,5	26,2	26,7	27,6
berechnet	24,5	26,3	26,7	27,4

Düngung = x dz/ha Kali (K_2O)	0,0	0,8	1,2	1,6
3678 Kartoffelversuche:				
Knollenerträge y dz/ha, gefunden ...	247	264	268	275
berechnet ...	247	264	269	272
1081 Futterrübenversuche:				
Rübenerträge y dz/ha, gefunden	706	764	787	809
berechnet	705	769	787	799
330 Zuckerrübenversuche:				
Rübenerträge y dz/ha, gefunden	358	383	389	407
berechnet	358	383	389	394
96 Maisversuche:				
Kornerträge y dz/ha, gefunden	38,8	43,8	44,3	45,9
berechnet	38,8	43,6	44,9	45,9
52 Rapsversuche:				
Kornerträge y dz/ha, gefunden	19,7	21,2	21,6	21,9
berechnet	19,7	21,2	21,6	21,9
2565 Wiesenheuversuche:				
Heuerträge y dz/ha, gefunden	67,8	78,3	81,5	85,3
berechnet	67,8	78,6	81,6	83,8

Die Gleichungen für die berechneten Werte sind die folgenden:

für die Roggenerträge: $\log(27 - y) = \log 27 - 0{,}4 \cdot (x + 1{,}95)$

für die Winterweizenerträge: $\log(32 - y) = \log 32 - 0{,}4 \cdot (x + 2{,}28)$

für die Hafererträge: $\log(31{,}8 - y) = \log 31{,}8 - 0{,}4 \cdot (x + 2{,}10)$

für die Gerstenerträge: $\log(28 - y) = \log 28 - 0{,}4 \cdot (x + 2{,}03)$

für die Getreideerträge: $\log(28{,}8 - y) = \log 28{,}8 - 0{,}4 \cdot (x + 2{,}06)$

für die Kartoffelerträge: $\log(280 - y) = \log 280 - 0{,}4 \cdot (x + 2{,}32)$

für die Futterrübenerträge: $\log(827 - y) = \log 827 - 0{,}4 \cdot (x + 2{,}08)$

für die Zuckerrübenerträge: $\log(405 - y) = \log 405 - 0{,}4 \cdot (x + 2{,}34)$

für die Maiserträge: $\log(48 - y) = \log 48 - 0{,}4 \cdot (x + 1{,}79)$

für die Rapserträge: $\log(22{,}5 - y) = \log 22{,}5 - 0{,}4 \cdot (x + 2{,}26)$

für die Wiesenheuerträge: $\log(88{,}5 - y) = \log 88{,}5 - 0{,}4 \cdot (x + 1{,}58)$

Tabelle III

Feldversuche mit gesteigerter Stickstoffdüngung

Düngung: x dz/ha Stickstoff (N)	0,0	0,2	0,3	0,4	0,5	0,6
1367 Roggenversuche:						
Kornerträge y dz/ha, gefunden	18,2	–	23,9	25,9	27,3	27,8
berechnet	18,1	–	23,9	25,8	27,5	29,3
903 Weizenversuche:						
Kornerträge y dz/ha, gefunden	23,8	–	28,9	30,7	32,3	33,1
berechnet	23,8	–	29,1	30,7	32,4	33,9
1849 Haferversuche:						
Kornerträge y dz/ha, gefunden	22,6	–	28,2	30,4	31,8	32,6
berechnet	22,6	–	28,3	30,1	31,8	33,5
1051 Sommergerstenversuche:						
Kornerträge y dz/ha, gefunden	23,7	27,8	29,1	30,2	31,4	31,5
berechnet ...	23,8	27,2	28,8	30,3	31,8	32,6
476 Wintergerstenversuche:						
Kornerträge y dz/ha, gefunden	23,0	26,6	28,5	30,5	31,1	31,6
berechnet ...	23,0	26,7	28,4	30,1	31,8	33,4
732 Sommergerstenversuche:						
Stroherträge y dz/ha, gefunden	33,0	38,9	41,1	42,5	45,1	46,8
berechnet ...	33,0	38,8	40,8	43,3	45,7	48,0

Düngung: x dz/ha Stickstoff (N)	0,0	0,4	0,6	0,7	0,8	1,0
1974 Kartoffelversuche:						
Knollenerträge y dz/ha, gefunden ..	212	248	264	–	274	–
berechnet..	212	248	264	–	280	–
1595 Futterrübenversuche:						
Rübenerträge y dz/ha, gefunden ...	688	–	801	–	861	884
berechnet...	687	–	813	–	851	887
314 Zuckerrübenversuche:						
Rübenerträge y dz/ha, gefunden ...	344	–	398	407	418	434
berechnet...	344	–	401	409	418	434

Die Gleichungen für die oben berechneten Werte sind die folgenden:

für die Roggenerträge: $\log (90-y) = \log 90 - 0{,}122 \cdot (x + 0{,}80)$

für die Weizenerträge: $\log (89-y) = \log 89 - 0{,}122 \cdot (x + 1{,}11)$

für die Hafererträge: $\log (93-y) = \log 93 - 0{,}122 \cdot (x + 0{,}99)$

für die Sommergerstenerträge,

Kornerträge: $\log (85-y) = \log 85 - 0{,}122 \cdot (x + 1{,}17)$

Stroherträge: $\log (130-y) = \log 130 - 0{,}122 \cdot (x + 1{,}04)$

für die Wintergerstenerträge: $\log (90-y) = \log 90 - 0{,}122 \cdot (x + 1{,}05)$

für die Kartoffelerträge: $\log (550-y) = \log 550 - 0{,}122 \cdot (x + 1{,}73)$

für die Futterrübenerträge: $\log (1500-y) = \log 1500 - 0{,}122 \cdot (x + 2{,}18)$

für die Zuckerrübenerträge: $\log (710-y) = \log 710 - 0{,}122 \cdot (x + 2{,}36)$

Gesetzes[12]) [nach der Gleichung (12)] in Übereinstimmung zu bringen und kam dabei zu den folgenden Ergebnissen[20]):

Die in nachstehender Tabelle berechneten Erträge für y in dz/ha folgen der Gleichung:

$$y = A \cdot (1 - 10^{-c \cdot (x+b)}) \cdot 10^{-k \cdot x^2} \qquad (12)$$

wobei die am Schluß einer jeden berechneten Reihe angegebenen Werte für A, b und k einzusetzen sind. Der Wirkungswert c des Stickstoffs ist $c = 0{,}122$ je dz/ha.

Tabelle

Düngung x dz/ha N	0,0	0,2	0,3	0,4	0,5	0,6	A	b	k
1367 Roggenversuche:									
Kornerträge y dz/ha,									
gefunden	18,2		23,9	25,9	27,3	27,8			
berechnet	18,1		24,5	26,0	27,1	27,8	110	0,64	0,185
903 Weizenversuche:									
Kornerträge y dz/ha,									
gefunden	23,8		28,9	30,7	32,3	33,1			
berechnet	23,8		28,8	30,5	31,8	33,1	90	1,09	0,032
1849 Haferversuche:									
Kornerträge y dz/ha,									
gefunden	22,6		28,2	30,4	31,8	32,6			
berechnet	22,6		28,7	30,3	31,5	32,6	105	0,865	0,100
1051 Sommergerstenvers.									
Kornerträge y dz/ha,									
gefunden	23,7	27,8	29,1	30,2	31,4	31,5			
berechnet	23,8	27,4	29,1	30,2	31,0	31,5	100	0,96	0,148
Stroherträge y dz/ha									
gefunden	33,0	38,9	41,1	42,5	45,1	46,8			
berechnet	33,1	38,8	41,1	43,3	45,1	46,8	140	0,96	0,073
476 Wintergerstenvers.									
Kornerträge y dz/ha,									
gefunden	23,0	26,6	28,5	30,5	31,1	31,6			
berechnet	23,0	26,9	28,5	29,9	30,9	31,6	100	0,93	0,120

Diese zweite Annäherung unseres Gesetzes, deren Verlauf Abb. 3 zeigt, wird somit den letzten Beobachtungen, bei denen sich Ertragsdepressionen einstellten, gerecht. Die dabei gefundene Schädigungskonstante ist beim Roggen, der ja bekanntlich das längste Stroh hat und darum am meisten zum Lagern neigt, am größten; sie ist am kleinsten beim Weizen, der ja bekanntlich seit Jahrzehnten bereits auf Lagerfestigkeit hin gezüchtet wird. Also auch hier werden durch das Wirkungsgesetz praktische Befunde und Tatsachen bestätigt.

Diese Schädigung setzt nun bei der Stickstoffdüngung bereits so früh ein, daß der zu erwartende Höchstertrag beim Roggen noch nicht zum vierten Teile (27,8 gegen 110), beim Weizen zum angenähert dritten Teile (33,1 gegen 90 dz/ha) erst erreicht wird. In der Abb. 3 sind einige dieser Kurven wiedergegeben, um ihren typischen Verlauf zu ersehen.

Der Schädigungsfaktor „k" ist bei der Gerste für den Strohertrag nur etwa halb so groß wie für den Kornertrag ($k = 0{,}073$ gegen 0,148), was besagt, daß das Stroh viel weniger unter der Lagerfrucht leidet als das Korn.

Im allgemeinen ist der Schädigungsfaktor bei der Düngung mit unseren leicht wasserlöslichen Stickstoffdüngemitteln recht hoch; trotzdem kann man aber, wie das aus der Tabelle III ersichtlich ist, bis zum deutlichen Einsetzen dieser Schädigung die Beobachtungen noch sehr gut mit der Gleichung verarbeiten, die wir als erste Annäherung kennenlernten; die gefundenen Werte stimmen hier mit der berechneten bei den Getreideversuchen bis zu einer Düngung unter 0,6 dz/ha N ebensogut noch überein wie bei der Benutzung der Gleichung, die uns die zweite Annäherung an das Gesetz wiedergibt (vgl. Tabelle III mit Tabelle IV). – Dabei kann auch in beiden Fällen der gleiche Wirkungswert für Stickstoff ($c = 0{,}122$) Verwendung finden. Bei allen anderen Pflanzen, die nicht ins Lager gehen, folgt der Anschluß mit der ersten Gleichung, also ohne Berücksichtigung einer Schädigung noch bei einer Düngergabe von 1,2 dz/ha (s. Tabelle auf S. 26).

Da wir die Schädigung hier auf plasmolytische Erscheinungen zurückzuführen haben, so muß sie ganz wesentlich geringer werden, wenn man die zu starke Konzentration der Bodenlösung dadurch umgeht, daß man den Boden ständig mit Wasser gesättigt hält. Wir haben das bei Haferversuchen in Sandkulturen dadurch getan, daß wir den Boden ständig mit Wasser gesättigt hielten. Der Schädigungsfaktor ging dadurch von $k = 0{,}100$ auf $k = 0{,}009$ je dz/ha zurück! – Können wir daher durch künstliche Beregnung das gleiche auch im freien Lande erreichen, so müssen wir nicht nur wegen der größeren Wassermengen, die wir damit den Pflanzen zur Verfügung stellen, sondern auch wegen der höheren Stickstoffgaben, die wir dann ohne plasmolytische Schädigungen zu geben vermögen, noch ganz wesentliche Ertragssteigerungen erzielen. – Bei Vorversuchen erzielten wir so mit einer Düngung von 3,6 dz/ha in Form von Kalkammonsalpeter 800 dz/ha an Kartoffeln.

Da unsere anderen Pflanzennährstoffe nicht so leicht wasserlöslich sind wie der Stickstoff, so ist auch ihre Schädigungskonstante k ganz wesentlich geringer. Bei der Phosphorsäuredüngung konnten wir selbst bei Düngergaben von 11,5 dz/ha P_2O_5 noch keine Ertragsschädigung feststellen. Wir ermittelten hier aus Gefäßversuchen eine Schädigungskonstante von $k = 0{,}000072$ je dz/ha!

Bei einer Düngung von schwefelsaurem Kali war in den Gerstenerträgen trotz Gaben von 25,6 dz/ha K_2O eine Ertragsdepression noch nicht feststellbar; bei Kartoffelversuchen betrug der Schädigungsfaktor $k = 0{,}00014$. In Gefäßen wurde er bei Haferkulturen mit $k = 0{,}000057$ dz/ha festgestellt. Bei einer Düngung mit Chlorkali betrug der Schädigungsfaktor bei Gerstenversuchen $k = 0{,}00040$, bei Kartoffelversuchen $k = 0{,}00077$.

Ertragsdepressionen durch Überdüngung sind also bei diesen beiden Nährstoffen nicht zu erwarten.

Der Wirkungsfaktor vom Stickstoff ($c = 0{,}122$) ist niedrig, so daß man erst bei einem Gehalte des Bodens von 16,4 dz/ha 99 % des erzielbaren Höchstertrages erntet; der Gehalt der Böden an Stickstoff ist dagegen, wie man aus der Tabelle III ersieht, sehr gering ($b = 0{,}99$ bis $= 2{,}36$ dz/ha); da andererseits aber der Schädigungsfaktor „k“ bei diesem Nährstoffe ganz besonders hoch ist und man darum nicht größere Mengen von unseren leicht wasserlöslichen Düngemitteln geben darf, so ergibt sich daraus die notwendige Folgerung, daß fast ein jeder Boden auf eine Düngung mit Stickstoff reagieren muß.

Der Wirkungsfaktor des Kalis ist sehr viel höher ($c = 0{,}4$), so daß man bei einem Gehalte des Bodens von 5 dz/ha bereits 99% des damit erzielbaren Höchstertrages erntet. Der Gehalt der Böden ist hier nach Tabelle II $b = 1{,}79$ bis $= 2{,}32$ dz/ha. Da die Schädigungskonstante sehr gering ist, so kann man, ohne Depressionserscheinungen zu erhalten, den Boden auf 5 dz/ha durch Düngung auffüllen. – Genau das gleiche gilt für die Phosphorsäure, da man bei ihr infolge ihres hohen Wirkungswertes ($c = 0{,}6$) bereits mit 3,3 dz/ha 99% des Höchstertrages erreicht und gleichfalls keine Ertragsdepressionen auftreten werden.

Je höher nun aber die Wirkungswerte eines Nährstoffes sind, je geringere Mengen davon also erforderlich sind, um die damit erreichbaren Höchsterträge zu ernten, um so eher werden diese Mengen auch bereits in diesem oder jenem Boden vorhanden sein! Es reagieren daher bereits viele Böden nicht auf eine Kali- oder auf eine Phosphorsäuredüngung!

Und nun zum Extrem! – Da alle Spurenelemente, Reiz- oder Stimulationsstoffe sehr hohe Wirkungsfaktoren haben, so wird man nur sehr selten einen Boden finden, der auf einen solchen „Nährstoff" noch mit einer Ertragssteigerung reagiert! Aus diesem Grunde ist es auch meist eine ganz vergebliche Arbeit, die Höhe der Wirkungsfaktoren derartiger Nährstoffe experimentell feststellen zu wollen. Schon beim Kalk als „Nährstoff" ist das ganz außerordentlich schwierig. Es ist ja doch nur möglich, wenn wir bei einer Düngung mit dem betreffenden Stoffe Ertragssteigerungen erhalten, die völlig außerhalb der Versuchsfehler liegen.

Der logarithmische Anstieg der Erträge, den das Wirkungsgesetz der Wachstumsfaktoren fordert, ist nun außer bei den verschiedenen Pflanzennährstoffen auch bei den folgenden Wachstumsfaktoren festgestellt worden:

Es stiegen die Pflanzenerträge mit der Verminderung des Steingehaltes des Bodens (in Prozenten des Bodenvolumens) nach Versuchen von E. Wollny[21]) mit dem Wirkungsfaktor $c = 0{,}074$. Diese Versuche wurden in 8 Jahren mit acht verschiedenen Pflanzen teils wiederholt durchgeführt.

Es stiegen nach Versuchen von E. Wollny[22]) die Erträge von vier verschiedenen Pflanzen in fünf verschiedenen Versuchsjahren mit der Feinheit der Bodenteilchen. Der Wirkungsfaktor war $c = 0{,}45$, berechnet auf Prozente.

Es stiegen die Erträge mit der Tiefe der Ackerkrume mit einem Wirkungsfaktor $c = 0{,}005$ je cm Tiefe (nach Feldversuchen von E. Wollny[23]) berechnet).

Es stiegen die Erträge von zehn verschiedenen Pflanzenarten mit der Tiefe der Bodenbearbeitung mit einem Wirkungsfaktor $c = 0{,}005$ je cm Tiefe. [Versuche von E. Wollny[23]).]

Es stiegen die Erträge der Einzelpflanze mit dem ihr zur Verfügung stehenden Standraume in qcm je nach den Standraumansprüchen der Pflanzenart[24]) z. B.

bei Buschbohnen	mit dem Wirkungsfaktor $c = 0{,}001$
bei Hanf	mit dem Wirkungsfaktor $c = 0{,}0006$
bei Kartoffeln	mit dem Wirkungsfaktor $c = 0{,}00018$

Andererseits stieg der Ertrag in dz/ha mit der Anzahl der auf der Flächeneinheit stehenden Pflanzen, und zwar für 1000 Pflanzen je nach der Pflanzenart

bei Gerste	mit dem Wirkungsfaktor $c = 1{,}000$
bei Hafer	mit dem Wirkungsfaktor $c = 0{,}53$
bei Kartoffeln	mit dem Wirkungsfaktor $c = 0{,}014$
bei Buschbohnen	mit dem Wirkungsfaktor $c = 0{,}0023$
bei Hanf	mit dem Wirkungsfaktor $c = 0{,}0037$

Der Ertrag des laufenden Meters einer Drillreihe steigt mit der Dichte der Aussaat bei allen Pflanzen mit dem gleichhohen Wirkungsfaktor $c = 0{,}016$[25]).

Der Pflanzenertrag steigt mit der im Boden befindlichen Wassermenge, gemessen in mm Höhe, mit dem Wirkungsfaktor

$c = 0{,}0005$ bis $c \doteq 0{,}08$[26]); er wird höher, je mehr das Wasser durch Lösung von Pflanzennährstoffen zu einer „Nährlösung" wird. Sind aber in einem Boden im Wasser die gleichen Mengen an Nährstoffen gelöst, so ist der dadurch bedingte Wirkungsfaktor für alle Pflanzenarten der gleiche.

Der Pflanzenertrag steigt mit der Bodentemperatur bei allen Pflanzen mit dem Wirkungswerte $c = 0{,}01$ je t^0 C[28]). Er kommt erst zustande, wenn der Boden eine durchschnittliche Tagestemperatur von $+5^0$ C hat.

Der Ertrag aller Pflanzen steigt mit der Phosphorsäuredüngung mit einem Wirkungswerte von 0,6 je dz/ha; der Schädigungsfaktor ist $k = 0{,}000072$ je dz/ha, so daß eine Überdüngung in der Praxis, wie wir zuvor sahen, zunächst keine Ertragsdepression herbeiführen kann.

Der Wirkungsfaktor des Kalis ist für alle Pflanzen $c = 0{,}4$ je dz/ha. Der Schädigungsfaktor ist bei schwefelsaurem Kali $K = 0{,}000057$ und beim Chlorkalium $k = 0{,}00028$. Sie sind noch so gering, daß auch hier eine Überdüngung keine Ertragsdepressionen hervorrufen dürfte.

Der Wirkungsfaktor des Stickstoffs ist für alle Pflanzen $c = 0{,}122$ je dz/ha. Der Schädigungsfaktor ist bei Getreide $k = 0{,}032$ bis 0,185 derart groß, daß wir von leichtlöslichen stickstoffhaltigen Düngemitteln zu Getreide nicht mehr als 0,6 dz/ha N zu geben vermögen, ohne weitere Ertragsdepressionen zu bekommen. Bei allen anderen Pflanzen können noch 1,2 dz/ha N, jedoch kaum noch höhere Gaben, in leicht wasserlöslicher Form gedüngt werden.

Der Pflanzenertrag steigt mit der Magnesiazufuhr mit einem Wirkungswerte von $c = 2{,}0$ je dz/ha[29]).

Der Pflanzenertrag steigt mit der Schwefelzufuhr mit dem Wirkungsfaktor $c = 15$ je dz/ha.

Der Ertrag aller Pflanzen steigt mit den ihnen zur Verfügung stehenden Lichtmengen mit dem Wirkungsfaktor $c = 2$, bezogen auf mittlere Lichtintensität während der Vegetationszeit[30]). Die Ertragssteigerung setzt jedoch erst dann ein, wenn bei geringerer Lichtintensität 20% davon, bei hoher Lichtintensität 50% davon den Pflanzen zur Verfügung stehen.

Der Pflanzenertrag steigt nach dem Gesetze mit der Anzahl der Niederschlagstage T, wobei $c = 0{,}009$ ist[31]).

Er steigt nach dem Wirkungsgesetze mit dem natürlichen oder künstlichen Regen (in mm Wasserhöhe), wobei die Wirkung $c = 0{,}003$ konstant ist. Sie ist unabhängig von der Pflanzenart, vom Klima wie von dem Boden!

Der Pflanzenertrag steigt nach dem Gesetze mit dem Sauerstoffgehalt der Luft mit dem Faktor $c = 0{,}1$ für Volumprozente[32]). An den normalen Sauerstoffgehalt der Luft haben sich die Pflanzen akklimatisiert. Bei ihm werden die Höchsterträge so gut wie erreicht.

Der Pflanzenertrag steigt nach dem Wirkungsgesetze mit dem Kohlensäuregehalt der Luft in Volumenprozenten. Der Wirkungsfaktor schwankt hier sehr mit der Lichtintensität[33]), die den Pflanzen geboten wird, und zwar ist er um so größer, je größer die Lichtintensität i ist, nach der folgenden Gleichung:

$$\log c = \dot{2} \cdot i - 0{,}3447 .$$

Bei normaler Lichtintensität ($i = 1$) und normalem Kohlensäuregehalt der Luft ($= 0{,}03$ Volumprozenten) lieferten die Pflanzen 95,6% des Höchstertrages, ein Zeichen, daß sie sich auch hieran akklimatisiert haben.

Um für weitere Forschungen auf diesem Gebiete die Rechenarbeit zu erleichtern, soll hier noch die zweckmäßigste Ermittelung der Konstanten der Gleichung des Wirkungsgesetzes angegeben werden. Zunächst ist es zwar wünschenswert, daß man möglichst viele Punkte der Ertragskurve durch Beobachtungen festlegt; wichtiger ist es aber noch, daß die Beobachtungen, die man dazu festlegt, möglichst geringe Fehler aufweisen; denn wenn nur für den einzelnen Beobachtungspunkt wenige Parallelversuche durchgeführt werden, wird der Beobachtungsfehler oft größer sein als die Differenz zwischen zwei beobachteten, benachbarten Kurvenpunkten! – Im allgemeinen dürfte es genügen, für eine Kurve fünf Beobachtungspunkte möglichst sicher zu bestimmen; diese aber dabei möglichst derart auseinander zu legen, daß die zu gewinnenden Erträge je um 25 % des zu erwartenden Höchstertrages ansteigen. Da wir es hier mit dem Anstieg einer logarithmischen Funktion zu tun haben, habe ich darum die Gaben von dem Wachstumsfaktor meist um das 2,5fache gesteigert, so z. B. die Gaben: 0,0 – 0,10 – 0,25 – 0,60 – 1,50 – verabfolgt.

Zur Berechnung von A wird man, sofern man diesen Wert nicht direkt experimentell zu ermitteln vermag, zunächst graphisch die Ertragskurve durch Verbindung der. gefundenen Punkte aufzeichnen. Die Berechnung selbst kann dann erfolgen[34]), wenn man drei Beobachtungen so wählt, daß $x_2 - x_1 = x_3 - x_2$ ist; dann ist

$$A = \frac{y_2^2 - y_1 \cdot y_3}{2y_2 - y_1 - y_3} \tag{13}$$

oder, man kann nach Rautenberg[35]) A aus vier Beobachtungen ermitteln, die man dann so wählt, daß $x_n + x_m = x_p + x_q$ ist. Es ist dann

$$A = \frac{y_n \cdot y_m - y_p \cdot y_q}{(y_n + y_m) - (y_p + y_q)} \tag{14}$$

Einfacher ist es wohl, die Ermittelung des Wertes von A direkt nur graphisch durch Extrapolation angenähert auszuführen und sodann für jede Beobachtung $x\,y$ den Wert für „c" nach folgender Gleichung zu ermitteln:

$$c = \frac{\log(A - a) - \log(A - y)}{x} \tag{15}$$

Steigen dann die so für c berechneten Werte mit steigendem x, dann ist der Wert für A zu niedrig angenommen worden und muß entsprechend erhöht werden, fallen sie, so wurde er zu hoch gewählt und ist entsprechend niedriger zu nehmen. Dieses Verfahren ermöglicht es auch, diejenigen Beobachtungen bei den Berechnungen stärker ins Gewicht fallen zu lassen, welche den geringeren Beobachtungsfehler aufweisen.

Sind so die Werte für A und für c bekannt und ist der Ertrag des nicht differenziert behandelten Teilstückes a durch das Experiment festgestellt worden, dann ergibt sich die Menge des bereits zuvor bei dem Versuche vorhandenen Wachstumsfaktors b aus der Gleichung:

$$b = \frac{\log A - \log (A - a)}{c} \tag{16}$$

Zusammenfassend ist zum Wirkungsgesetze der Wachstumsfaktoren folgendes auszuführen:

Nach diesem Gesetze wird der Pflanzenertrag gleichzeitig durch das Einwirken sämtlicher Wachstumsfaktoren bedingt. Von diesen Wachstumsfaktoren kann der Mensch einen Teil günstig beeinflussen und dadurch die Pflanzenerträge steigern. Das ist z. B. möglich hinsichtlich der verschiedenen Pflanzennährstoffe, also durch eine entsprechende Düngung. Es ist ferner möglich durch eine günstigere Anreicherung von Wärme und Wasser im Boden, wobei das Hauptaugenmerk auf die Zufuhr organischer Düngemittel und auf die richtige und zweckmäßige Bodenbearbeitung zu legen ist. Es ist möglich auch durch Verwendung von entsprechend gutem Saatgut, und zwar von hochgezüchteten Pflanzen, u. a. m.

Die lokal vorliegenden klimatischen Lebensbedingungen der Pflanze, die jeweilige Jahreswitterung vermag dagegen der Mensch noch ebensowenig künstlich zu beeinflussen wie die physikalische Beschaffenheit des gegebenen Bodens. Nur da, wo die Möglichkeit künstlicher Beregnung vorliegt, sind auch hier bereits Anfänge zu verzeichnen.

Da nun ein jeder Wachstumsfaktor einen Einfluß auf den Ertrag hat, so wird man durch die Verbesserung eines jeden von ihnen, soweit wir das vermögen, den Ertrag steigern können. Vermag man das nun durch Verbesserung des einen Wachstumsfaktors um 10 %, durch die eines zweiten um 20 % und durch die eines dritten um 30 %, so muß nach dem Gesetze unser Ertrag dadurch von 100 auf 110, von da auf 132 und von da auf 171,6 ansteigen; denn der jeweilige Höchstertrag und damit auch jedweder Ertrag wird ja bedingt durch die jeweiligen Mengen, die von allen einzelnen Wachstumsfaktoren zur Wirkung gelangen.

Ist dann z. B. die Witterung ungünstig und die Trockenheit derart groß, daß überhaupt nur geringere Erträge zustande kommen können, so werden trotzdem die Pflanzen, bei denen wir die drei Wachstumsfaktoren günstiger gestalteten, einen um 71,6 % höheren Ertrag liefern als die, bei denen wir diese Wachstumsfaktoren nicht verbesserten. Haben wir infolge günstiger Witterung andererseits besonders hohe Erträge, so werden auch diese durch die gleiche Verbesserung der drei Wachstumsfaktoren um den gleichen Betrag, um 71,6% höher ausfallen als sonst!

Natürlich wird es Aufgabe der Technik sein, Wachstumsstörungen von vornherein auszuschalten, so Säure im Boden, wie irgendwelche Pflanzengifte zu beseitigen; dann aber auch, wie gesagt, den einmal durch die Jahreswitterung gegebenen ungünstigen Wachstumsfaktoren durch die Bodenbearbeitung entgegenzutreten und den Boden zu einem Reservoir für Wasser und Wärme auszugestalten und ihn so, möglichst gefüllt, während der ganzen Vegetationszeit zu erhalten!

II. Das Pflanzenwachstumsgesetz

Das Pflanzenwachstumsgesetz[36]) ist eine Zeitfunktion, die uns angeben soll, wie die Pflanzenerträge im Verlaufe des Wachsens der Pflanze zunehmen müssen. Gerade in dieser Zeiteinteilung liegt jedoch die große Schwierigkeit der Auffindung einer Gesetzmäßigkeit.

Nimmt man zunächst an, daß man den Pflanzen alle Wachstumsfaktoren während der ganzen Vegetationszeit in ausreichenden Mengen zur Verfügung stellen kann, dann darf man auch ferner annehmen, daß sie von allen diesen Wachstumsfaktoren entsprechend ihren speziellen Wirkungswerten in gleichen Zeiten die gleichen Mengen aufnehmen werden. Wir kehren damit zu unserer Gleichung (10) zurück und setzen in dieser, gemäß unserer Annahme

$$c \cdot x = c_1 \cdot x_1 = c_2 \cdot x_2 = c_3 \cdot x_3 = \ldots = c_n \cdot x_n, \qquad (17)$$

dann geht unsere Gleichung zunächst in die folgende Form über:

$$y = A \cdot (1 - 10^{-c \cdot x})^n \qquad (18)$$

Wir erhalten so bereits eine Kurve, die deutlich einen Wendepunkt in ihrem anfänglichen Verlaufe aufweist.

Nun sind aber unsere Voraussetzungen sehr zu diskutieren:

Pflanzenphysiologisch ist die Anzahl der Tage, die wir hier für x in unsere Gleichung einsetzen müssen, kein „Wachstumsfaktor". Denn es werden den Pflanzen in der gleichen Zeit von je 24 Stunden z. B. im Frühjahre viel geringere Licht- und Wärmemengen zur Verfügung gestellt als im Sommer, und auch zum Herbst hin werden diese wieder geringere. Diese Energiemengen beherrschen aber naturgemäß das pflanzliche Leben und das Wachsen; sie bedingen auch wohl die Wasser- und die Nährstoffaufnahme, die damit auch keineswegs mehr so verläuft, daß man nun einen Tag als Einheit für diese Aufnahmen einsetzen könnte. Andererseits ist es aber auch möglich, daß gerade diese beiden Energiefaktoren von grundlegender Bedeutung sind, und daß alle anderen Wachstumsfaktoren als Zeitfunktionen hinter diesen zurücktreten, und es so darauf zurückzuführen ist, daß wir bei unseren Ertragsversuchen meist nur die zweite Potenz als n-te erhalten.

Bevor ich hierfür einige Beispiele wiedergebe, wollen wir noch unsere Gleichung (18) zur leichteren Berechnung der Ergebnisse wieder logarithmieren. Sie lautet dann (vgl. hierzu Abb. 4):

$$\log(\sqrt{A} - \sqrt{y}) = \log \sqrt{A} - c \cdot T \qquad (19)$$

Nach Tagen	Hafererträge y kg/qm				Nach Tagen	Kartoffelerträge y kg/qm			
	ungedüngt		gedüngt			ungedüngt		gedüngt	
T	gef.	ber.	gef.	ber.	T	gef.	ber.	gef.	ber.
26	119	119	269	258	8	292	324	400	349
51	224	223	434	437	25	1100	1217	1800	1822
67	273	261	478	482	40	1590	1579	2700	2868
89	305	288	523	512	57	1662	1729	3808	3608
					88			4375	4150
					102			4195	4266

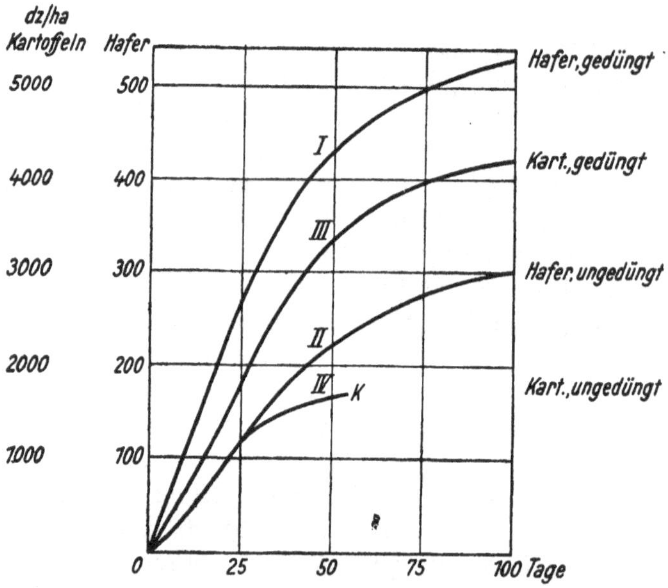

Abb. 4. Ertragssteigerungen nach dem Pflanzenwachstumsgesetz

Die zugehörigen Gleichungen sind:

für die Hafererträge,

ungedüngt: $\log(\sqrt{310} - \sqrt{y}) = 1{,}2457 - 0{,}0161 \cdot T$

gedüngt: $\log(\sqrt{530} - \sqrt{y}) = 1{,}3622 - 0{,}020 \cdot T$

für die Kartoffelerträge,

ungedüngt: $\log(\sqrt{1800} - \sqrt{y}) = 1{,}6276 - 0{,}030 \cdot T$

gedüngt: $\log(\sqrt{4375} - \sqrt{y}) = 1{,}8205 - 0{,}018 \cdot T$

Pflanzenphysiologisch von Bedeutung ist, daß nach dem gleichen Gesetze der Wasserverbrauch der Kulturpflanzen[37]) und damit auch die Nährstoffaufnahme erfolgen muß. Für den Wasserverbrauch noch obige Beispiele:

Nach Tagen	bei Hafer mm W				Nach Tagen	bei Kartoffeln mm W			
	ungedüngt		gedüngt			ungedüngt		gedüngt	
T	gef.	ber.	gef.	ber.	T	gef.	ber.	gef	ber.
27	68,6	73,6	60,3	73,6	28	54,2	52,7	84,4	77,6
43	130,1	126,1	132,8	126,1	43	121,6	100,0	147,6	139,3
62	200,9	188,2	195,0	188,2	62	162,7	159,8	219,0	209,4
86	240,6	235,9	241,9	235,9	89	221,6	232,1	283,8	283,6
					117	295,3	290,0	335,4	332,4
					151	333,5	333,2	364,2	365,5

(vgl. Abb. 5).

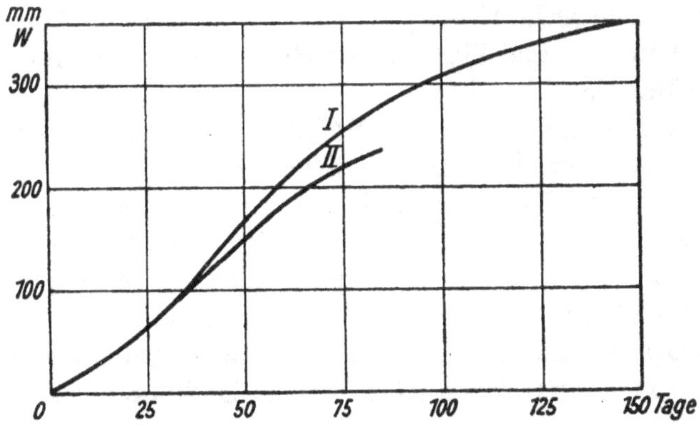

Abb. 5. Wasserverbrauch w in Tagen bei I Kartoffeln, II Hafer

Die Gleichungen für die vorstehend berechneten Werte sind:

für die Haferversuche,

ungedüngt: } gedüngt: } $\log(\sqrt{300} - \sqrt{w}) = \log\sqrt{300} - 0{,}011 \cdot T$

für die Kartoffelversuche,

ungedüngt: $\log(\sqrt{400} - \sqrt{w}) = \log\sqrt{400} - 0{,}007 \cdot T$

gedüngt: $\log(\sqrt{400} - \sqrt{w}) = \log\sqrt{400} - 0{,}009 \cdot T$

Man erkennt hier z. B., daß die Höhe des Ertrages auf den Wasserverbrauch der Kulturpflanzen während der Vegetationszeit keinen Einfluß ausübt.

Die Erkenntnis des Wasserverbrauchs der Kulturpflanzen während der Wachstumszeit gibt uns die Möglichkeit, nunmehr unter Berücksichtigung der klimatischen Verdunstungsbedingungen und Niederschläge quantitativ künstlich zu beregnen!

Unterbricht man das Wachstum der Pflanzen, indem man z. B. Wiesen zweimal schneidet oder Weiden drei- bis viermal abhütet, dann wird damit naturgemäß in gleicher Weise der Wasserverbrauch unserer Kulturpflanzen ein geringerer, da die Wachstumsperiode, und damit auch die Wasserverdunstung, von jedem Schnitte ab wieder von neuem einsetzen muß. Macht man so ein Gras reif, um Samen zu gewinnen, so benötigt dieses bis zu seiner Reife mehr Wasser, als wenn es zweimal im Jahre geschnitten wird, und hier wieder mehr Wasser, als wenn man es abweiden läßt.

Das sind zunächst praktische Nutzanwendungen, die sich aus dem Pflanzenwachstumsgesetze folgern lassen.

Da die Zeit T pflanzenphysiologisch nicht immer gleich groß zu gestalten ist, da die Wachstumsbedingungen im Verlaufe der Vegetationszeit nie ganz gleich hinsichtlich der Zeit eingehalten werden können, so werden die Beobachtungen hier nie so genau ausfallen wie bei den Beobachtungen, die wir zur Ermittelung des Wirkungsgesetzes anstellen können. Darin liegt es auch begründet, daß hier die Übereinstimmung der berechneten mit den gefundenen Werten keine derart gute ist wie zuvor. Immerhin glaube ich, daß wir zunächst mit der Gleichung, die ich hier für das Wachstumsgesetz angab, und die sich aus der des Wirkungsgesetzes ableiten läßt, arbeiten können.

Literatur

Bemerkungen: Im folgenden wurden folgende Abkürzungen der betreffenden Zeitschriften vorgenommen. – Wo der Autor nicht mit angegeben wurde, ist es der Verfasser selbst.

„Forsch.“ = Forschungen auf dem Gebiete der Agrikulturphysik.

„Fühling“ = Fühling's Landwirtschaftliche Zeitung.

„K. G. G.“ = Schriften der Königsberger Gelehrten Gesellschaft, Naturwissenschaftliche Klasse, Jahr und Heft. Verlag Max Niemeyer – Halle/Saale.

„Landw. Jahrb.“ = Landwirtschaftliche Jahrbücher.

„Ztschr.“ = Zeitschrift für Pflanzenernährung, Düngung und Bodenkunde bzw. für Pflanzenernährung und Bodenkunde – Verlag Chemie – Berlin.

[1]) Vgl. hierzu: Karl Boresch: „Über Ertragsgesetze bei Pflanzen“ in Ergebnisse der Biologie IV. Bd., S. 129–204. Verlag Julius Springer.

[2]) v. Liebig: „Nachtrag zu den Grundsätzen der Agrikulturchemie ...“ Braunschweig 1855, S. 13.

[3]) Wagner, Paul: Landw. Jahrb. 12. (1883), S. 583. Journal für Landwirtschaft: 31. (1883), S. 258, 268. „Der Fall Soxhlet“. Darmstadt 1911, S. 113. Vgl. hierzu: Fühling 61. (1912), S. 156.

[4]) v. Liebig: „Die Naturgesetze des Feldbaus“. 7. Aufl. Braunschweig 1862, S. 75, 133, 223, 227.

[5]) Mayer, Adolf: „Das Düngerkapital und der Raubbau“. Heidelberg 1869, S. 13.

[6]) Wollny, Ewald: Forsch. 20. (1897/1898), S. 56ff. und 95ff.

[7]) Liebscher, E.: Journal für Landwirtschaft 43. (1895), S. 49.

[8]) Eßlen, Joseph: „Das Gesetz des abnehmenden Bodenertrages seit Justus von Liebig“. Verlag J. Schweitzer-München 1905. Vgl. hierzu Schmollers Jahrbücher 1905/1906, S. 341–344.

[9]) Landw. Jahrb. 38. (1909), S. 537–552; 39. (1909), S. 133–156. – Landw. Versuchs-Stationen 75. (1911), S. 231–263. – Dgl. 77. (1912), S. 413–428 und S. 437–439. – Dgl. 78. (1912), S. 127–130. – Landw. Jahrb. 42. (1912), S. 701–717. – Fühling 61. (1912), S. 817–826. – Landw. Jahrb. 43. (1913), S. 405–495 und 649–668. – Landw. Versuchs-Stationen 79. (1913), S. 71–96. – Mitteil. der D. L. G. 28. St. 43. S. 595–598. –

Landw. Jahrb. 49. (1916), S. 335–416. – Dgl. S. 661–684. – Dgl. 51. (1917), S. 473–487. – Dgl. 52. (1918), S. 279–296. – Journal f. Landwirtschaft 66. (1919), S. 187–198. – Landw. Jahrb. 53. (1919), S. 501–514. – Dgl. 56. (1921), S. 71–92. – Zeitschrift für Forst- u. Jagdwesen 53. (1920), S. 487 bis 494. – Landw. Jahrb. 58 (1923), S. 125–158. – Dgl. S. 645–653. – K. G. G. 1. (1924), H. 3. – Dgl. 3. (1926), H. 1. – Landw. Jahrb. 64. (1926), S. 191 bis 212. – K. G. G. 5. (1928), H. 2. – Ztschr. B, 7. (1929), S. 345–352. – Landw. Jahrb. 71. (1930), S. 445–467.

[10]) Baule, B: Landw. Jahrb. 51. (1917), S. 373ff. – Dgl. 54. (1920), S. 403ff. – Dgl. 59. (1924), S. 341ff.

[11]) Reidemeister, Kurt: K. . G. 3. (1926), H. 1.

[12]) Ztschr. A, 12. (1928), S. 273–282.

[13]) K. G. G. 13. (1936), H. 1.

[14]) Ztschr. A, 1. (1922), S. 66.

[15]) Ebenda S. 65.

[16]) Ztschr. A, 8. (1926), S. 65–79 und K. G. G. 5. (1928), H. 2, S. 14–15.

[17]) K. G. G. 12. (1935), H. 2.

[18]) „Die Bestimmung des Düngerbedürfnisses des Bodens". Verlag Paul Parey, Berlin. 3. Auflage 1930.

[19]) Ztschr. 38. (83.) (1947), S. 22–35.

[20]) Ebenda 40, (85.) (1948), S. 193–200.

[21]) Wollny, E: Forsch. 20. S. 363ff.

[22]) Wollny, E.: ebenda S. 319ff.

[23]) Wollny, E.: ebenda S. 306–314.

[24]) Landw. Jahrb. 53. (1919), S. 341–360. – Fühling: 68. (1919), S. 121 bis 129. – Georgine 1919, Nr. 95–98. – Landw. Jahrb. 53. (1919), S. 341–360. – Dgl. 54. (1920), S. 703–746.

[25]) Ztschr. A, 1. (1922), S. 82, 83.

[26]) Ztschr. 38. (83.) (1947), S. 202–215.

[27]) Schulz, Georg: Landw. Jahrb. 65. (1927), S. 837–858.

[28]) Ztschr. A, 1. (1922), S. 66.

[29]) Landw. Jahrb. 58. (1923), S. 645–653 und K. G. G. 12. (1935), H. 2, S. 87.

[30]) Landw. Jahrb. 56. (1921), S. 77–78 und Ztschr. A, 1. (1922), S. 77–78.

[31]) Ztschr. A, 1. (1922), S. 67.

[32]) „Angewandte Botanik" 7. (1925), S. 28–30.

[33]) Ebenda S. 31–40.

[34]) Landw. Jahrb. 38. (1909), S. 540.

[35]) Rauterberg, E.: Ztschr. 35. (80.) (1944), S. 171–189.

[36]) Landw. Jahrb. 53. (1919), S. 167–182. – Fühling 68. (1919), S. 130 bis 133; 419–426.

[37]) Ztschr. 9./10. (54./55.) (1938), S. 337–395.

DIE „VORTRÄGE UND SCHRIFTEN“ WENDEN SICH AN DIE WEITEN KREISE DERER, DIE AN WISSENSCHAFTLICHER FORSCHUNGSARBEIT ANTEIL NEHMEN

Erschienen:

Prof. Dr. H. Kienle: Die Maßstäbe des Kosmos
Heft 24. 30 Seiten. Preis: DM 1.50 (vergriffen)

Prof. Dr. Wolfgang Heubner:
Genuß und Betäubung durch chemische Mittel
Heft 25. 40 Seiten. Preis DM 2.– (vergriffen)

Prof. Dr. Heinrich Mitteis: Über das Naturrecht
Heft 26. 48 Seiten. Preis: DM 2.75 (vergriffen)

Prof. Dr. Friedrich Meinecke: Ranke und Burckhardt
Heft 27. 36 Seiten. Preis: DM 2.50 (vergriffen)

Prof. Dr. Eilh. Alfred Mitscherlich: Pflanzenphysiologische Bodenkunde
Heft 28. 24 Seiten. Preis: DM 2.–

Prof. Dr. K. F. Bonhoeffer:
Über Physikalisch-chemische Modelle von Lebensvorgängen
Heft 29. 20 Seiten. Preis: DM 2.–

In Vorbereitung:

Prof. Dr. Fr. Hund: Wirkungsquantum und Naturbeschreibung

Prof. Dr. Kurt Noack:
Die Ausgestaltung der Organismen – ein chemisches Problem

Prof. Dr. F. Sauerbruch: Das Problem der Anpassung

DIE HEFTE ERSCHEINEN IN ZWANGLOSER FOLGE

FSC
www.fsc.org
MIX
Papier | Fördert gute Waldnutzung
FSC® C083411

Kolibri 360 GmbH
Ferdinand-Jühlke-Straße 7
99095 Erfurt, Deutschland
produktsicherheit@kolibri360.de